BERICHTE ÜBER DIE VERHANDLUNGEN DER SÄCHSISCHEN AKADEMIE DER WISSENSCHAFTEN ZU LEIPZIG

Mathematisch-naturwissenschaftliche Klasse

Band 100 · Heft 1

H. BRANDT

ÜBER STAMMFAKTOREN BEI TERNÄREN QUADRATISCHEN FORMEN

1952

AKADEMIE-VERLAG · BERLIN

BERICHTE ÜBER DIE VERHANDLUNGEN DER SÄCHSISCHEN AKADEMIE DER WISSENSCHAFTEN ZU LEIPZIG

Mathematisch-naturwissenschaftliche Klasse

Band 100 · Heft 1

H. BRANDT

ÜBER STAMMFAKTOREN BEI TERNÄREN QUADRATISCHEN FORMEN

1952

AKADEMIE-VERLAG · BERLIN

Vorgelegt in der Sitzung vom 14. Januar 1952

Manuskript eingeliefert am 14. Januar 1952

Druckfertig erklärt am 10. Juli 1952

Erschienen im Akademie-Verlag GmbH., Berlin NW 7, Schiffbauerdamm 19
Veröffentlicht unter der Lizenz Nr. 1217 des Amtes für Literatur und Verlagswesen
der Deutschen Demokratischen Republik
Satz und Druck der Druckerei „Thomas Müntzer“ Langensalza
Bestell- und Verlagsnummer: 2027/100/1
Preis: DM 2,25
Printed in Germany

1. Obschon die rationalen quadratischen Formen zu den ältesten Gebieten der Zahlentheorie überhaupt gehören, haben sie doch bisher nur im binären Fall eine einigermaßen abschließende Behandlung erfahren. Was darüber hinaus angeboten wird, befindet sich in einem chaotischen unbefriedigenden Zustand, wie die enzyklopädische Darstellung von Bachmann deutlich erkennen läßt. Nirgends bemerkt man, daß leitende Gesichtspunkte in den Vordergrund gestellt und nebensächliche ihnen untergeordnet werden. Diese Starrheit erklärt sich gerade durch das Alter des Gebietes, man glaubt, alles sei erledigt und abgeschlossen, es bestehe gar kein Grund oder auch nur eine Möglichkeit, etwas Wesentliches zu ändern.

2. Hinzu kommt, daß die Autorität von Gauss für eine gesunde Entwicklung des Gebietes sehr hinderlich gewesen ist. Seeber[1]) hatte im Jahre 1831, durch das Werk von Gauss Disquisitiones arithmeticae vom Jahre 1801 angeregt, ein Buch über ternäre quadratische Formen veröffentlicht, welches von Gauss zwar sehr anerkennend besprochen, aber trotzdem in einem wesentlichen Punkte, der scheinbar nur die Bezeichnung betraf, abgelehnt wurde [2]). Durch diese Ablehnung ist die Entwicklung um mehr als 100 Jahre zurückgeworfen worden. Denn es kann kein Zweifel darüber bestehen, daß die Seebersche Auffassung die fortschrittlichere und weiter führende ist.

---

[1]) L. A. Seeber, Untersuchungen über die Eigenschaften der positiven ternären quadratischen Formen. Mathematische Abhandlungen, 1. Bd. Freiburg 1831.

[2]) C. F. Gauss Werke, Bd. 2, S. 188—196. Göttingen 1876.

3. Es ist wohl anzunehmen, daß Gauss das Hilfsmittel der Matrizenrechnung für den eigenen Gebrauch weitgehend ausgebildet hatte und dadurch zu seinem ablehnenden Standpunkt gekommen ist. Es ist zwar richtig, daß die Matrizenrechnung für die algebraische Behandlung der quadratischen Formen wertvoll und sogar unentbehrlich ist. Das darf aber nicht zu einer Vergewaltigung der Formen hinsichtlich ihrer zahlentheoretischen Eigenschaften führen. Tatsächlich hat man aber seit 150 Jahren diejenigen Formen in den Vordergrund gestellt, welche sich gegenüber diesem Hilfsmittel besonders gefügig erweisen, nämlich die Formen mit lauter geraden Produktgliedern, während man diejenigen, welche auch ungerade Produktglieder haben, vollständig vernachlässigt hat, obschon sie hinsichtlich ihrer Bedeutung und der Einfachheit ihrer Eigenschaften den anderen Formen nicht nur gleichwertig, sondern noch überlegen sind[1]). Man hat also wichtige Unterscheidungen auf Bezeichnungen statt auf Begriffe gegründet. Im Zusammenhang damit steht die unglückliche Erfindung der sogenannten uneigentlich primitiven Formen. Sie sollten vollständig aus der Literatur verschwinden, so wie das im binären Fall schon geschehen ist.

4. Eine ternäre quadratische Form

$$f = a_1 x_1^2 + a_2 x_2^2 + a_3 x_3^2 + a_4 x_2 x_3 + a_5 x_3 x_1 + a_6 x_1 x_2$$

mit den *Koeffizienten* $a_1, a_2 \ldots, a_6$ wird, wenn es auf die Werte der Variabeln x_1, x_2, x_3 nicht ankommt, durch das Schema

$$f = \begin{pmatrix} a_1 & a_2 & a_3 \\ a_4 & a_5 & a_6 \end{pmatrix}$$

bezeichnet. Der Ausdruck

$$d = a_1 a_4^2 + a_2 a_5^2 + a_3 a_6^2 - 4\, a_1 a_2 a_3 - a_4 a_5 a_6$$

[1]) H. Brandt, Über quadratische Kern- und Stammformen. Festschrift zum 60. Geburtstag von Prof. Dr. Andreas Speiser, Zürich 1945.

heißt *Diskriminante* der Form, die Matrix

$$\left[\frac{\partial^2 f}{\partial x_i \partial x_\lambda}\right] = \begin{bmatrix} 2\,a_1 & a_6 & a_5 \\ a_6 & 2\,a_2 & a_4 \\ a_5 & a_4 & 2\,a_3 \end{bmatrix}$$

Koeffizientenmatrix, ihre Determinante hat den Wert $-2\,d$, nach der Stellung in diesem Schema heißen a_4, a_5, a_6 *seitliche*, a_1, a_2, a_3 (nicht $2\,a_1$, $2\,a_2$, $2\,a_3$) *mittlere* Koeffizienten. Die Form wird *ganzzahlig* genannt, wenn die Koeffizienten ganzrational sind.

5. Weil die Eigenschaften von 2 Formen, welche sich nur durch das Vorzeichen unterscheiden, leicht aufeinander zurückgeführt werden können, so genügt es, Formen von positiver Signatur zu betrachten. Die Diskriminante einer solchen Form ist dann negativ oder positiv, je nachdem die Form definit oder indefinit ist.

Eine beliebige Form f mit rationalen Koeffizienten kann stets in der Gestalt $f = tf_0$ geschrieben werden, wo f_0 eine ganzzahlige Form von positiver Signatur bezeichnet und t zugleich absolut genommen möglichst groß gewählt wird. Wir nennen dann t den *Koeffizienteteiler* von f. Wenn $t = 1$ wie hier bei f_0, so heißt die Form *primitiv*. Dieser Begriff schließt also die positive Signatur ein. Die Form f wird *von erster oder zweiter Art* genannt, je nachdem die Elemente der Koeffizientenmatrix von f_0 teilerfremd sind oder den Teiler 2 haben. (Im ersten Fall ist f_0 eine halb genommene uneigentlich primitive, im zweiten Fall eine eigentlich primitive Form.)

6. Es sei jetzt f primitiv. Unter den Formen, deren Koeffizientenmatrix zu der Koeffizientenmatrix von f bis auf einen Faktor reziprok ist, wählen wir die Form mit den Koeffizienten

$$a_4^2 - 4\,a_2\,a_3,\quad a_5^2 - 4\,a_3\,a_1,\quad a_6^2 - 4\,a_1\,a_2,\quad 4\,a_1\,a_4 - 2\,a_5\,a_6,$$
$$4\,a_2\,a_5 - 2\,a_6\,a_4,\quad 4\,a_3\,a_6 - 2\,a_4\,a_5$$

und bezeichnen sie als *Adjungierte* von f. Diese Form wird nach Abtrennung des Koeffiziententeilers I_1 durch $I_1 F$ bezeichnet, F heißt dann *primitive Adjungierte*, ihre Diskriminante sei D. Bildet man von F wieder die Adjungierte, so erhält man bis auf den Koeffiziententeiler I_2 die ursprüngliche Form f. Weil nach elementaren Determinantensätzen die Adjungierten von f und F die Diskriminanten $16\,d^2$ und $16\,D^2$ haben, so bestehen zwischen den *Invarianten* I_1 und I_2 und den Diskriminanten d und D die Beziehungen

$$I_1^2\, I_2 = 16\, d\,, \quad I_1\, I_2^2 = 16\, D\,.$$

7. Es gibt 3 Typen von ternären Formen:

I. I_1 ungerade, I_2 durch 16 teilbar, f von erster, F von zweiter Art,

II. I_1, I_2 beide durch 4 teilbar, f und F von zweiter Art,

III. I_2 ungerade, I_1 durch 16 teilbar, F von erster, f von zweiter Art.

Wir setzen $\frac{I_1 I_2}{16} = I$. Diese Invariante tritt an verschiedenen Stellen auf, z.B. wenn man die Koeffizientenmatrix von f mit der von F zusammensetzt. Man erhält $4\, IE$, wo E die identische Matrix bezeichnet. Die Invariante I erscheint auch in der Maßformel der positiven Formen[1]).

8. Zwischen den Formen f und F bestehen die Identitäten

$$\left(\frac{\partial f}{\partial x_1} y_1 + \frac{\partial f}{\partial x_2} y_2 + \frac{\partial f}{\partial x_3} y_3\right)^2 - 4 f(x_1, x_2, x_3) f(y_1, y_2, y_3) = I_1 F(s_1, s_2, s_3)$$

$$\left(\frac{\partial F}{\partial x_1} y_1 + \frac{\partial F}{\partial x_2} y_2 + \frac{\partial F}{\partial x_3} y_3\right)^2 - 4 F(x_1, x_2, x_3) F(y_1, y_2, y_3) = I_2 f(s_1, s_2, s_3)\,,$$

wobei zur Abkürzung

$$s_1 = x_2\, y_3 - x_3\, y_2, \quad s_2 = x_3\, y_1 - x_1\, y_3, \quad s_3 = x_1\, y_2 - x_2\, y_1$$

gesetzt wurde.

[1]) H. BRANDT, Über das Maß positiver ternärer quadratischer Formen. Math. Nachr. 6, 315—318 (1952).

Bei den Formen vom 1. Typus kann die zweite, bei den Formen vom 3. Typus die erste und bei den Formen vom 2. Typus jede Identität durch 4 gekürzt werden, was für Spezialuntersuchungen vorteilhaft sein kann.

9. Ich behandele hier das alte aber wichtige Problem der Bestimmung der *Stammfaktoren*, nachdem ich an anderer Stelle die Charaktere aus einheitlichen Gesichtspunkten entwickelt habe[1]). Wenn man auf eine vorgelegte Form eine umkehrbare rationale Transformation T ausübt und außerdem noch mit einem rationalen Faktor r multipliziert, so möge die entstehende Form durch $r\dot{T}fT$ bezeichnet und *verwandt* genannt werden. Offenbar sind alle verwandten Formen auch untereinander verwandt. Z. B. sind f und F (6) verwandte Formen. Wenn man bei den verwandten Formen nur die ganzzahligen betrachtet und ihre Diskriminanten bildet, so findet man, daß bei allen, wie verschieden sie auch sonst seien mögen, doch eine gewisse Gesamtheit von Primzahlen ständig als Faktoren auftreten. Diese gewissermaßen stationären Primzahlen nenne ich *Stammfaktoren*. Nur bei den Nullformen, d. h. den Formen mit eigentlichen Nulldarstellungen gibt es keine Stammfaktoren.

10. Das Problem der Stammfaktoren kann noch in anderer Weise aufgefaßt werden. Wenn p eine beliebige Primzahl bezeichnet und f der Einfachheit wegen ganzrational angenommen wird, so hat die Kongruenz $f(x_1, x_2, x_3) \equiv 0, (p^n)$ entweder für jeden positiven Exponenten oder nur für eine beschränkte Anzahl von ihnen eigentliche Auflösungen. Im ersten Fall nennen wir p *Teiler*, im zweiten Fall *Nichtteiler* von f. Offenbar haben alle verwandten Formen dieselben Teiler und deshalb auch dieselben Nichtteiler. Gleichzeitig ergibt sich eine Übertragung dieser Begriffe auf Formen mit gebrochenen rationalen Koeffizienten.

---

[1]) H. Brandt, Zur Zahlentheorie der ternären quadratischen Formen. Math. Ann. 124, 334-342 (1952).

Es wird sich nun zeigen, daß *Nichtteiler und Stammfaktoren identisch* sind.

11. Wenn eine ganzzahlige quadratische Form $f=f(x_1, x_2..)$ nach der beliebigen Primzahlpotenz p^n als Modul betrachtet wird, so kann man bekanntlich durch unimodulare Transformation solche neuen Variabeln y_1, y_2 . . einführen, daß f für ungerades p als Summe von unären Formen und für $p=2$ als Summe von unären und binären Formen erscheint. Ist f ternär und die ungerade Primzahl p kein Teiler der Diskriminante d, so gilt also

$$f \equiv b_1 y_1^2 + b_2 y_2^2 + b_3 y_3^2, \quad (p^n),$$

wo b_1, b_2, b_3 nicht durch p teilbar sind. Ist nun $-b_1 b_2$ quadratischer Rest von p, so besitzt die Kongruenz

$$b_1 y_1^2 + b_2 y_2^2 \equiv 0, \quad (p^n)$$

eigentliche Auflösungen. Ist aber $-b_1 b_2$ quadratischer Nichtrest von p, so liefert $b_1 y_1^2 + b_2$ für beliebiges y_1^2 modulo p^n mehr als $p^{n-1}\frac{p-1}{2}$ verschiedene nicht durch p teilbare Werte, also auch solche, deren Restverhalten dem von $-b_3$ gleich ist. Somit kann die Kongruenz

$$b_1 y_1^2 + b_2 + b_3 y_3^2 \equiv 0, \quad (p^n)$$

aufgelöst werden.

12. Wenn $p=2$ und die Diskriminante d von f ungerade ist, kann f modulo 2^n nicht Summe von 3 unären Formen sein, weil dann d durch 4 teilbar sein müßte, f hat also die Gestalt

$$f \equiv b_1 y_1^2 + b_{12} y_1 y_2 + b_2 y_2^2 + b_3 y_3^2, \quad (2^n)$$

wobei b_{12} und b_3 ungerade sind. Ist nun

$$b_{12}^2 - 4 b_1 b_2 \equiv 1, \quad (8),$$

so hat die Kongruenz

$$b_1 y_1^2 + b_{12} y_1 y_2 + b_2 y_2^2 \equiv 0, \quad (2^n)$$

eigentliche Auflösungen. Ist aber $b_{12}^2 - 4\, b_1\, b_2 \equiv 5$, (8), sind also b_1, b_2 ungerade, so liefert $b_1\, y_1^2 + b_{12}\, y_1 + b_2$ modulo 2^n, wenn man für y_1 die 2^{n-1} ungeraden Reste einsetzt, ebenso viele verschiedene, also alle ungeraden Werte, somit auch den Wert $-\, b_3$, d. h. die Kongruenz

$$b_1\, y_1^2 + b_{12}\, y_1 + b_2 + b_3 \equiv 0, \quad (2^n)$$

ist auflösbar.

13. Damit ist bewiesen, *daß alle Primfaktoren, welche nicht in der Diskriminante d aufgehen, Teiler von f sind.* Nichtteiler können also nur Primfaktoren von d sein. Zugleich müssen sie dann in der Diskriminante jeder ganzzahligen verwandten Form aufgehen, d. h. sie sind Stammfaktoren. Daß auch umgekehrt jeder Stammfaktor Nichtteiler ist, wird sich weiterhin daraus ergeben, daß jeder in der Diskriminante aufgehende Teiler durch lineare Transformation entfernt werden kann.

Für die weitere Untersuchung führen wir folgende Bezeichnung ein. Wenn die Primzahl p in einer Zahl Z in gerader Potenz $p^{2\nu}$ aufgeht, so bezeichnen wir die zu p prime Zahl $Z\, p^{-2\nu}$ durch $Z^0(p)$ oder wenn die Primzahl, auf die Bezug genommen wurde, festliegt, einfach durch Z^0.

14. Es sei jetzt p eine ungerade in d in der Potenz p^{n_0} aufgehende Primzahl, dann gilt für beliebig aber festgewähltes $n \geq n_0 + 2$, wenn durch unimodulare Transformation geeignete Variabeln y_1, y_2, y_3 eingeführt werden,

$$f \equiv b_1\, y_1^2 + p^{\nu_1}\, b_2\, y_2^2 + p^{\nu_1+\nu_2}\, b_3\, y_3^2, \quad (p^n),$$

wobei b_1, b_2, b_3 nicht durch p teilbar sind.

Es ist dann p^{ν_1} die höchste Potenz von p, welche in I_1 und p^{ν_2} die höchste Potenz von p, welche in I_2 aufgeht. Wenn ν_1 und ν_2 gerade sind, kann p durch lineare Transformation aus der Diskriminante entfernt werden, *p ist also Teiler von f, wenn beide Invarianten gerade Potenzen von p enthalten.* Es sind somit nur noch die Fälle zu untersuchen, bei denen wenigstens einer der Exponenten ν_1, ν_2 ungerade ist.

15. Wenn ν_1 gerade, ν_2 ungerade, kann man durch einfache Transformationen gerade Potenzen von p bei den Koeffizienten von f beseitigen, so daß man zu einer verwandten Form

$$f_0 \equiv b_1 y_1^2 + b_2 y_2^2 + p b_3 y_3^2, \; (p^2)$$

geführt wird. Eigentliche Auflösungen der Kongruenz $f_0 \equiv 0$, (p^2) erfordern die Bedingung $\left(\frac{-b_1 b_2}{p}\right) = 1$. Bestimmt man eine unimodulare Transformation $\begin{pmatrix}\alpha & \beta \\ \gamma & \delta\end{pmatrix}$ so, daß

$$b_1 \alpha^2 + b_2 \gamma^2 \equiv 0, \; (p),$$

so wird f_0 durch die Transformation $\begin{pmatrix}\alpha & \beta p & 0 \\ \gamma & \delta p & 0 \\ 0 & 0 & 1\end{pmatrix}$ in $p f_1$ übergehen, wobei die Diskriminante d_1 von f_1 den Primfaktor p nicht mehr enthält. Deshalb ist p kein Stammfaktor und daher Teiler von f. Das letzte erkennt man auch daraus, daß wegen $\left(\frac{-b_1 b_2}{p}\right) = 1$ die Kongruenz $f \equiv 0$, (p^n) für jedes n eigentliche Auflösungen besitzt.

16. Zugleich sieht man, daß p dann und nur dann Nichtteiler und Stammfaktor ist, wenn $\left(\frac{-b_1 b_2}{p}\right) = -1$ gilt.

Es ist aber $I_1 F \equiv -4\, b_1 b_2 p^{\nu_1} y_3^2$, $(p^{\nu_1 + \nu_2})$. Daher hat $I_1^0 F$ in bezug auf p denselben Restcharakter wie $-b_1 b_2$. Also hat man den Satz:

Wenn I_1 eine gerade, I_2 eine ungerade Potenz von p enthält, so ist p dann und nur dann Teiler von f und kein Stammfaktor, wenn $\left(\frac{I_1^0 F}{p}\right) = 1$ und dann und nur dann Nichtteiler und Stammfaktor, wenn $\left(\frac{I_1^0 F}{p}\right) = -1$ gilt.

17. Wenn ν_1 ungerade, ν_2 gerade, kann man wieder durch einfache Transformationen gerade Potenzen von p bei den Koeffizienten von f beseitigen, so daß man zu einer verwandten Form

$$f_0 \equiv b_1 y_1^2 + p b_2 y_2^2 + p b_3 y_3^2, \ (p^2)$$

geführt wird. Die Kongruenz $f_0 \equiv 0$, (p^2) hat nur eigentliche Auflösungen, wenn die Bedingung $\left(\frac{-b_2 b_3}{p}\right) = 1$ erfüllt ist. Umgekehrt folgt daraus, daß f_0 unter einer Form f_1 mit zu p primer Diskriminante enthalten ist, p ist also kein Stammfaktor und daher Teiler von f, was man auch daraus erkennt, daß zufolge der Restbedingung die Kongruenz $f \equiv 0$, (p^n) eigentliche Auflösungen besitzt.

18. Zugleich sieht man, daß p dann und nur dann Nichtteiler und Stammfaktor ist, wenn $\left(\frac{-b_2 b_3}{p}\right) = -1$ gilt.

Es ist aber

$$d \equiv -4\, b_1 b_2 b_3\, p^{2\nu_1 + \nu_2} \equiv \frac{1}{16} I_1^2 I_2, \ (p^n).$$

Da nun $\left(\frac{f}{p}\right) = \left(\frac{b_1}{p}\right)$, so hat $I_2^0 f$ in bezug auf p denselben Restcharakter wie $-b_2 b_3$. Also hat man den Satz:

Wenn I_1 eine ungerade und I_2 eine gerade Potenz von p enthält, so ist p dann und nur dann Teiler und kein Stammfaktor, wenn $\left(\frac{I_2^0 f}{p}\right) = 1$ und dann und nur dann Nichtteiler und Stammfaktor, wenn $\left(\frac{I_2^0 f}{p}\right) = -1$ gilt.

Dieser Satz kann auch als Folgerung aus dem vorigen (16) abgeleitet werden, indem man aus f_0 durch Multiplikation mit p und Division von y_2 und y_3 durch p eine Form f_1 ableitet, deren Diskriminante p nur einfach enthält oder auch dadurch, daß man einfach die Formen f und F vertauscht.

19. Sind endlich ν_1, ν_2 beide ungerade, so ergibt sich durch Abspalten der geraden Potenzen von p aus f eine Form

$$f_0 \equiv b_1 y_1^2 + p b_2 y_2^2 + b_3 y_3^2, (p^2).$$

Damit $f_0 \equiv 0, (p^2)$ eigentliche Auflösungen hat, muß

$$\left(\frac{-b_1 b_3}{p}\right) = 1$$

gelten. Umgekehrt folgt hieraus, daß f_0 in pf_1 transformiert werden kann, wo die Diskriminante von f_1 prim zu p ist, deshalb ist p kein Stammfaktor und daher Teiler von f, was auch daraus geschlossen werden kann, daß zufolge der Restbedingung die Kongruenz $f \equiv 0, (p^n)$ für jedes n eigentliche Auflösungen hat.

20. Zugleich sieht man, daß p dann und nur dann Nichtteiler und Stammfaktor ist, wenn $\left(\frac{-b_1 b_3}{p}\right) = -1$ gilt.

Es ist aber

$$d = \frac{I_1^2 I_2}{16} = II_1 \equiv -4\, b_1 b_2 b_3\, p^{2\nu_1 + \nu_2}, (p^n)$$

und

$$I_1 F \equiv -4\, b_1 b_2 p^{\nu_1} y_3^2, (p^{\nu_1 + \nu_2}).$$

Deshalb hat $(dI_1F)^0$ oder auch $I^0 F$ in bezug auf p denselben Restcharakter wie b_3 und wegen $\left(\frac{f}{p}\right) = \left(\frac{b_1}{p}\right)$ somit $-I^0 f F$ denselben wie $-b_1 b_3$. Also hat man den Satz:

Wenn I_1 und I_2 beide eine ungerade Potenz von p enthalten, so ist p dann und nur dann Teiler von f und kein Stammfaktor, wenn für zu p prime Werte von f und F $\left(\frac{-I^0 f F}{p}\right) = 1$ und dann und nur dann Nichtteiler und Stammfaktor, wenn $\left(\frac{-I^0 f F}{p}\right) = -1$ gilt.

21. Wir wenden uns jetzt zur Untersuchung der Frage, wann 2 Teiler oder Nichtteiler und Stammfaktor ist. Es sei 2^{n_0} die höchste Potenz von 2, die in der Diskriminante d

von f aufgeht. Dann hat man wieder für ein beliebig aber fest gewähltes $n \geqq n_0 + 3$ nach dem Modul 2^n, wenn man durch unimodulare Transformation geeignete Variabeln y_1, y_2, y_3 einführt, Normalformen für f, die aber jetzt verschieden ausfallen. Bei den Formen mit ungerader Invariante I_1, d.h. bei dem 1. Typus wird

$$f \equiv \varphi(y_1, y_2) + 2^\nu b_3 y_3^2.$$

Dabei bezeichnet φ eine binäre Form mit ungerader Diskriminante. Bildet man die Adjungierte $I_1 F$, so findet man, weil $\nu \geqq 1$, die Bedingung

$$I_1 F \equiv \delta, \ (8),$$

es ist also in der Tat I_1 ungerade und deshalb I_2 durch $2^{\nu+4}$ teilbar.

22. Ist ν gerade, so kann der Primfaktor 2 durch lineare Transformation entfernt werden, 2 ist also kein Stammfaktor und deshalb Teiler. Ist aber ν ungerade, so führt die Abspaltung der höchsten geraden Potenz von 2 zu einer verwandten Form

$$f_0 \equiv \varphi(y_1, y_2) + 2 b_3 y_3^2, \ (4).$$

Damit $f_0 \equiv 0, (4)$ eigentlich auflösbar ist, muß $\delta \equiv 1, (8)$ gelten. Umgekehrt folgt aus dieser Bedingung, daß f_0 in $2 f_1$ transformiert werden kann, wo die Diskriminante d_1 von f_1 ungerade ist. Deshalb ist 2 kein Stammfaktor und daher Teiler. Somit hat man folgendes Ergebnis:

Wenn I_1 ungerade und I_2 eine ungerade Potenz von 2 als Faktor enthält, so ist 2 dann und nur dann Teiler und kein Stammfaktor, wenn $I_1 F \equiv 1, (8)$, und deshalb dann und nur dann Nichtteiler und Stammfaktor, wenn $I_1 F \not\equiv 1, (8)$ gilt. Weil δ als binäre ungerade Diskriminante nur die Werte 1 und 5 nach 8 haben kann, würde im letzten Fall auch $I_1 F \equiv 5, (8)$ gelten.

23. Wir betrachten jetzt die Formen vom 3. Typus, die durch eine ungerade Invariante I_2 charakterisiert sind.

Dann wird

$$f \equiv b_1 y_1^2 + 2^\nu \varphi(y_2, y_3), (2^n),$$

wobei aber $\nu \geqq 2$ sein muß; denn für $\nu = 1$ findet man $d \equiv I_1 \equiv I_2 \equiv 4$, (8), es liegt also der 2. Typus vor. Für $\nu \geqq 2$ wird d durch $2^{2\nu}$ und I_1 durch $2^{\nu+2}$ teilbar, so daß in der Tat I_2 ungerade wird. Wenn ν gerade, kann wieder der Primfaktor 2 durch lineare Transformation entfernt werden, 2 ist also Teiler und kein Stammfaktor. Ist aber ν ungerade und damit mindestens 3, so gilt, wenn f ungerade, $f \equiv b_1$, (8). Da nun $d \equiv 2^{2\nu} b_1 \delta$, (2^n), so wird wegen $16\,d \equiv I_1^2 I_2$

$$\frac{d}{2^{2\nu}} = \left(\frac{I_1}{2^{\nu+2}}\right)^2 I_2 \equiv I_2 \equiv b_1 \delta, (8),$$

es ist also

$$I_2 f \equiv \delta, (8).$$

24. Bei ungeraden ν ist die Kongruenz $f \equiv 0, (2^n)$ nur eigentlich auflösbar, wenn $\varphi(y_2, y_3) \equiv 0, (2)$ eigentlich auflösbar, d.h. wenn $\delta \equiv 1$, (8) gilt. Ist aber diese Bedingung erfüllt, so ist die verwandte Form

$$f_0 \equiv b_1 y_1^2 + 2\varphi(y_2, y_3)$$

unter einer Form f_1 mit ungerader Diskriminante enthalten, 2 ist also kein Stammfaktor und daher Teiler. Somit hat man folgendes Ergebnis: *Wenn I_2 ungerade und I_1 eine ungerade Potenz von 2 als Faktor enthält, so ist 2 dann und nur dann Teiler und kein Stammfaktor, wenn $I_2 f \equiv 1$, (8) und deshalb dann und nur dann Nichtteiler und Stammfaktor, wenn $I_2 f \not\equiv 1$, (8) gilt.*

Derselbe Satz folgt auch aus dem früheren (22), wenn man beachtet, daß durch Vertauschen der Formen f und F der dritte Typus in den ersten übergeht.

25. Wir wenden uns jetzt zu den Formen vom 2. Typus, bei denen beide Invarianten durch 4 teilbar sind. Jetzt wird f modulo 2^n entweder eine Summe von 3 unären Formen, von denen wenigstens eine ungerade ist oder Summe

einer ungeraden unären Form und einer doppelt genommenen binären Form φ mit ungerader Diskriminante. Denn das sind die einzigen Fälle, die noch ausstehen. Man hat also entweder den Haupttyp

$$f \equiv b_1 y_1^2 + 2^{\nu_1} b_2 y_2^2 + 2^{\nu_1+\nu_2} b_3 y_3^2, (2^n),$$

wo b_1, b_2, b_3 ungerade sind oder den Nebentyp

$$f \equiv b_1 y_1^2 + 2(b_2 y_2^2 + b_{23} y_2 y_3 + b_3 y_3^2), (2^n),$$

wo b_1, b_{23} ungerade sind.

26. Bei dem Haupttyp enthält I_1 die Potenz 2^{ν_1+2} und I_2 die Potenz 2^{ν_2+2}, während bei dem Nebentyp beide Invarianten, wie schon oben erwähnt wurde (23), genau durch 4 teilbar sind. Wir wollen zuerst annehmen, daß ν_1, ν_2 gerade sind. Während nun bei den bisher betrachteten Fällen die geraden Potenzen der betreffenden Primzahlen durch Transformationen vollständig beseitigt werden konnten, führen entsprechende Transformationen bei dem Haupttyp nur zu Formen mit $\nu_1 = \nu_2 = 0$, so daß die beiden Invarianten immer noch den Faktor 4 enthalten, was bei dem Nebentyp schon von vornherein gilt. Diese Fälle sind daher zuerst zu betrachten.

27. Es sei zuerst

$$f \equiv b_1 y_1^2 + b_2 y_2^2 + b_3 y_3^2, (8),$$

wobei b_1, b_2, b_3 ungerade sind. $f \equiv 0, (4)$ ist nur eigentlich auflösbar oder nicht eigentlich auflösbar, je nachdem eine oder keine der Zahlen $b_1 + b_2$, $b_1 + b_3$, $b_2 + b_3$ durch 4 teilbar ist, d.h. je nachdem b_1, b_2, b_3 modulo 4 verschieden oder gleich sind. Im ersten Fall ist f unter einer Form f_1 mit ungerader Diskriminante enthalten, z.B. wenn $b_1 + b_2 \equiv 0, (4)$ vermöge der Substitution $\begin{pmatrix} 2 & 0 & 0 \\ -1 & 1 & 0 \\ 0 & 0 & 1 \end{pmatrix}$, also ist 2 Teiler und kein Stammfaktor, im zweiten Fall aber Nichtteiler und Stammfaktor.

Wir merken für später noch an, daß f dann durch $\begin{pmatrix} 1 & 1 & 0 \\ 0 & 1 & 1 \\ 1 & 0 & 1 \end{pmatrix}$ n $2 f_0$ übergeht, wobei die Diskriminante von f_0 den Primaktor 2 nur einfach enthält.

28. Weil

$$\frac{I_1}{4} F \equiv - b_2 b_3 y_1^2 - b_3 b_1 y_2^2 - b_1 b_2 y_3^2, (8),$$

so ist im ersten Fall die Kongruenz $\frac{I_1}{4} F \equiv 1, (8)$ auflösbar, indem man eine Variable, deren Koeffizient $\equiv 1, (4)$ ist, ungerade nimmt und eine andere Variable nach Bedarf gleich 0 oder 2. Dagegen gilt im zweiten Fall $\frac{I_1}{4} F \not\equiv 1, (8)$, weil die Koeffizienten modulo 4 gleich 3 sind und modulo 8 nur die Werte 7,7,7 oder bis auf die Reihenfolge 7,3,3 haben können, da das Produkt 7 sein muß.

Diesen beiden Fällen entspricht aber auch die Auflösbarkeit oder Nichtauflösbarkeit der Kongruenz $\frac{I_2}{4} f \equiv 1, (8)$, weil 2 für f und F gleichzeitig Teiler und Nichtteiler ist.

Man kann noch hinzufügen, daß im ersten Fall f und F alle ungeraden Restklassen nach 8 darstellen, während im zweiten Fall beide Formen nur je eine Restklasse nach 8 auslassen.

29. Ähnlich verhält sich die Form

$$f \equiv b_1 y_1^2 + 2 (b_2 y_2^2 + b_{23} y_2 y_3 + b_3 y_3^2), (8),$$

wobei b_1 und b_{23} ungerade sind.

$f \equiv 0, (4)$ ist nur eigentlich auflösbar oder nicht eigentlich auflösbar, je nachdem $b_{23}^2 - 4 b_2 b_3 = \delta \equiv 1$ oder $\equiv 5$ nach 8 ist. Im ersten Fall ist f unter einer Form f_1 mit ungerader Diskriminante enthalten, z.B. wenn b_3 gerade ist, vermöge der Substitution $\begin{pmatrix} 1 & 0 & 0 \\ 0 & 1 & 0 \\ 0 & 0 & 2 \end{pmatrix}$, also ist 2 *Teiler und kein Stamm-*

faktor, wenn $\delta \equiv 1, (8)$ *und Nichtteiler und Stammfaktor, wenn* $\delta \equiv 5, (8)$.

In diesem Falle kommt man von $2f$, wenn man y_2, y_3 durch $\frac{y_2}{2}, \frac{y_3}{2}$ ersetzt, zu einer Form f_0, deren Diskriminante den Faktor 2 nur einfach enthält, was für später angemerkt sei.

30. Weil

$$\frac{I_1}{4}F \equiv \delta y_1^2 - 2(b_1 b_3 y_2^2 - b_1 b_{23} y_2 y_3 + b_1 b_2 y_3^2), (8),$$

so ist im ersten Fall die Kongruenz $I_1^0 F \equiv 1, (8)$ auflösbar, indem man y_1 ungerade und $y_2 = y_3 = 0$ nimmt. Dagegen ist im zweiten Fall $I_1^0 F \not\equiv 1, (8)$,

weil $$b_3 y_2^2 - b_{23} y_2 y_3 + b_2 y_3^2 \equiv 2, (4)$$

unmöglich ist.

Diesen beiden Fällen entspricht aber auch die Auflösbarkeit oder Nichtauflösbarkeit der Kongruenz $I_2^0 f \equiv 1, (8)$, weil 2 für f und F gleichzeitig Teiler und Nichtteiler ist.

Auch hier sieht man leicht, daß im ersten Fall f und F alle ungeraden Restklassen nach 8 darstellen, während im zweiten Fall bei beiden Formen je eine Restklasse ausfällt.

31. Somit haben wir folgendes Ergebnis:

Wenn die Invarianten I_1 *und* I_2 *beide genau durch 4 teilbar sind, so hat man folgende Alternative zwischen je 6 Tatsachen, von denen jedesmal eine schon für die Entscheidung ausreicht:*

2 ist Teiler,	*2 ist Nichtteiler,*
2 ist kein Stammfaktor,	*2 ist Stammfaktor,*
$I_1^0 F \equiv 1, (8)$ *ist auflösbar,*	$I_1^0 F \not\equiv 1, (8)$,
$I_2^0 f \equiv 1, (8)$ *ist auflösbar,*	$I_2^0 f \not\equiv 1, (8)$,
f stellt 4 ungerade Restklassen nach 8 dar,	*f stellt nur 3 ungerade Restklassen nach 8 dar,*
F stellt 4 ungerade Restklassen nach 8 dar,	*F stellt nur 3 ungerade Restklassen nach 8 dar.*

32. Wenn I_1, I_2 höhere gerade Potenzen von 2 enthalten, ist es nicht notwendig, die Reduktion auf den in 27 behandelten Fall tatsächlich auszuführen. Wenn in der Normalform modulo 2^n

$$f \equiv b_1 y_1^2 + 2^{\nu_1} b_2 y_2^2 + 2^{\nu_1+\nu_2} b_3 y_3^2, \ (2^n)$$

ν_1, ν_2 beide gerade und positiv, also die Exponenten der in I_1, I_2 aufgehenden Potenzen von 2 beide größer als 2 sind, so findet man für ungerade Werte von f und F

$$I_1^0 F \equiv -b_1 b_2, \ (4) \quad \text{und weil} \quad d^0 \equiv -b_1 b_2 b_3, \ (4)$$

$$I_2^0 f \equiv -b_2 b_3, \ (4).$$

Nun sind die Kongruenzwerte von $-b_1 b_2$, $-b_1 b_3$, $-b_2 b_3$, da ihr Produkt -1 ist, entweder sämtlich -1, dann ist 2 Nichtteiler und Stammfaktor oder nur ein Wert ist -1, die beiden anderen $+1$, dann ist 2 Teiler und kein Stammfaktor. Im ersten Fall haben $I_1^0 F$ und $I_2^0 f$ in bezug auf -4 beide negativen Charakter, im zweiten Fall nicht. Diese Regel bleibt bestehen, wenn nur einer der Exponenten ν_1, ν_2 gerade und positiv, der andere aber Null ist. Man hat nämlich, wenn $\nu_1 = 0$, $I_1^0 F \equiv -b_1 b_2$, $I_2^0 f \equiv -b_2 b_3$, $-b_1 b_3$, (4) und wenn $\nu_2 = 0$, $I_2 f \equiv -b_2 b_3$, $I_1^0 F \equiv -b_1 b_2$, $-b_1 b_3$, (4). Es reicht jetzt sogar jedesmal der zweite Charakter allein schon zur Entscheidung aus. Fehlt er (vgl. 5), sind also im ersten Fall b_1, b_2, im zweiten b_2, b_3 verschieden, so ist 2 kein Stammfaktor. Ist aber der zweite Charakter vorhanden und negativ, so ist 2 Stammfaktor. Man hat daher den Satz: *Wenn beide Invarianten gerade Potenzen von* 2 *enthalten, von denen wenigstens eine höher als* 4 *ist, so gilt bei ungeraden Werten von f und F:* 2 *ist dann und nur dann Stammfaktor, wenn* $I_1^0 F \equiv I_2^0 f \equiv -1$, (4).

33. Wir betrachten jetzt Formen, bei denen $I_1 \equiv 4$, (8), $I_2 \equiv 8$, (16), sie können in der Gestalt

$$f \equiv b_1 y_1^2 + b_2 y_2^2 + 2 b_3 y_3^2, \ (8)$$

angenommen werden.

Eigentliche Auflösungen der Kongruenz $f \equiv 0$, (8) erfordern entweder

$$b_1 + b_2 \equiv 0, \ (8) \quad \text{oder} \quad b_1 + b_2 + 2\, b_3 \equiv 0, \ (8).$$

Ist eine dieser Bedingungen erfüllt, so geht f durch die Transformation

$$\begin{pmatrix} \frac{1}{2} & -1 & 0 \\ \frac{1}{2} & 1 & 0 \\ 0 & 0 & 1 \end{pmatrix} \quad \text{oder} \quad \begin{pmatrix} \frac{1}{2} & -1 & 0 \\ \frac{1}{2} & 1 & 0 \\ \frac{1}{2} & 0 & 1 \end{pmatrix}$$

in $2 f_1$ über, wo die Diskriminante von f_1 ungerade ist.

Deshalb ist 2 kein Stammfaktor und daher Teiler von f.

Ist keine der Bedingungen erfüllt, so muß

$$b_1 + b_2 \equiv 4, \ (8) \quad \text{oder} \quad b_1 + b_2 + 2\, b_3 \equiv 4, \ (8)$$

gelten. Diese Bedingungen charakterisieren daher 2 als Stammfaktor und Nichtteiler.

34. Nun stellt $I_1^0 F \equiv -2\, b_2 b_3 y_1^2 - 2\, b_3 b_1 y_2^2 - b_1 b_2 y_3^2$ modulo 8 die ungeraden Zahlen

$$-b_1 b_2, \ -b_1 b_2 - 2 b_2 b_3, \ -b_1 b_2 - 2 b_3 b_1, \ -b_1 b_2 - 2\, b_2 b_3 - 2\, b_3 b_1$$

dar. Offenbar ist die erste und ebenso die letzte von der zweiten und dritten verschieden. Die Differenz der ersten und letzten $2\, b_3 (b_1 + b_2)$ ist Null, wenn $b_1 + b_2$ durch 4 teilbar ist, die Differenz der beiden mittleren $2\, b_3 (b_1 - b_2)$ ist Null, wenn $b_1 + b_2 + 2\, b_3$ durch 4 teilbar ist. Da beide Fälle sich ausschließen, werden also auf jeden Fall 3 ungerade Restklassen nach 8 dargestellt, während eine ausfällt. Diese ist aber verschieden, je nachdem 2 Teiler oder Nichtteiler ist. Wenn $b_1 + b_2 \equiv 0$, (8), ist $-b_1 b_2 \equiv 1$ und die beiden folgenden Werte sind 3 und 7. Wenn $b_1 + b_2 + 2\, b_3 \equiv 0$, (8) werden die beiden mittleren 1 und die erste und letzte geben 3 und 7, so daß die Restklasse 5 fehlt. Wenn $b_1 + b_2 \equiv 4$, (8), ist $-b_1 b_2 \equiv 5$, und die beiden mittleren werden 3 und 7. Wenn $b_1 + b_2 + 2b_3 \equiv 4$, (8), werden die beiden mittleren 5 und die erste und letzte 3 und 7, so daß die Restklasse 1 fehlt.

35. *Daher hat man, wenn* $I_1 \equiv 4$, (8), $I_2 \equiv 8$, (16), *folgende Alternative zwischen je 4 Tatsachen, von denen jedesmal eine schon zur Entscheidung ausreicht:*

2 *ist Teiler,*	2 *ist Nichtteiler,*
2 *ist kein Stammfaktor,*	2 *ist Stammfaktor,*
$I_1^0 F \equiv 1$, (8) *ist auflösbar,*	$I_1^0 F \not\equiv 1$, (8),
$I_1^0 F \not\equiv 5$, (8),	$I_1^0 F \equiv 5$, (8) *ist auflösbar.*

Ist $I_1 \equiv 8$, (16), $I_2 \equiv 4$, (8), *so gelten für* F *dieselben Betrachtungen, die oben für* f *angestellt wurden. Man hat daher folgende Alternative zwischen je 4 Tatsachen, von denen jedesmal eine schon zur Entscheidung ausreicht:*

2 *ist Teiler,*	2 *ist Nichtteiler,*
2 *ist kein Stammfaktor,*	2 *ist Stammfaktor,*
$I_2^0 f \equiv 1$, (8) *ist auflösbar,*	$I_2^0 f \not\equiv 1$, (8),
$I_2^0 f \not\equiv 5$, (8),	$I_2^0 f \equiv 5$, (8) *ist auflösbar.*

36. Wenn höhere Potenzen von 2 in I_1 und I_2 aufgehen, von denen eine gerade, die andere ungerade ist, muß man die Charaktere heranziehen, deren Theorie wir hier nicht entwickelt haben. Jedoch ist es auch möglich, diese Fälle durch Transformation auf die eben behandelten zurückzuführen, wofür wir einige Beispiele geben [1]). Dabei wird der Übergang zu einer verwandten Form durch das Aequivalenzzeichen ausgedrückt.

Es sei $d = -992$, $I_1 = -4$, $I_2 = -32 \cdot 31$

$$\begin{pmatrix} 5 & 8 & 9 \\ 8 & 4 & 0 \end{pmatrix} \sim \begin{pmatrix} 5 & 2 & 9 \\ 4 & 4 & 0 \end{pmatrix} \sim \begin{pmatrix} 5 & 2 & 7 \\ 0 & 4 & 0 \end{pmatrix} \sim \begin{pmatrix} 41 & 2 & 7 \\ 0 & 32 & 0 \end{pmatrix}, \quad 41 + 7 \equiv 0, \quad (8),$$

2 ist kein Stammfaktor,

[1]) Sie sind den von Herrn Studienrat Dr. OSKAR INTRAU berechneten Tabellen entnommen, welche demnächst veröffentlicht werden sollen.

$$\begin{pmatrix}4 & 8 & 9\\ 2 & 0 & 4\end{pmatrix} \sim \begin{pmatrix}1 & 8 & 9\\ 2 & 0 & 2\end{pmatrix} \sim \begin{pmatrix}1 & 7 & 9\\ 2 & 0 & 0\end{pmatrix} \sim \begin{pmatrix}1 & 7 & 18\\ 16 & 0 & 0\end{pmatrix},\quad 1+7 \equiv 0, \quad (8),$$

2 ist kein Stammfaktor,

$$\begin{pmatrix}1 & 13 & 21\\ 10 & 0 & 0\end{pmatrix} \sim \begin{pmatrix}1 & 24 & 21\\ -32 & 0 & 0\end{pmatrix} \sim \begin{pmatrix}1 & 6 & 21\\ -16 & 0 & 0\end{pmatrix}, 1+21+6 \equiv 4, (8),$$

2 ist Stammfaktor,

$$\begin{pmatrix}3 & 4 & 22\\ 4 & 2 & 0\end{pmatrix} \sim \begin{pmatrix}3 & 1 & 22\\ 2 & 2 & 0\end{pmatrix} \sim \begin{pmatrix}3 & 1 & 21\\ 0 & 2 & 0\end{pmatrix} \sim \begin{pmatrix}3 & 1 & 106\\ 0 & 32 & 0\end{pmatrix},\quad 3+1 \equiv 4, \quad (8),$$

2 ist Stammfaktor.

37. Wenn beide Invarianten durch 8, aber nicht durch 16 teilbar sind, liegt eine Form

$$f = b_1 y_1^2 + 2\, b_2 y_2^2 + 4\, b_3 y_3^2, \ (32) \text{ vor.}$$

Hier kann der Faktor 4 durch Transformation beseitigt werden. Man erhält eine Form

$$f_0 \equiv b_1 y_1^2 + 2\, b_2 y_2^2 + b_3 y_3^2, \ (8)$$

wo b_1, b_2, b_3 ungerade sind. Diese Form unterscheidet sich aber nur in der Bezeichnung von der in 33 behandelten. Deshalb ist 2 kein Stammfaktor, wenn

$$b_1 + b_3 \equiv 0, \ (8) \quad \text{oder} \quad b_1 + 2\, b_2 + b_3 \equiv 0, \ (8),$$

dagegen ist 2 Stammfaktor, wenn

$$b_1 + b_3 \equiv 4, \ (8) \quad \text{oder} \quad b_1 + 2\, b_2 + b_3 \equiv 4, \ (8)$$

gilt.

38. Wenn beide Invarianten höhere ungerade Potenzen von 2 enthalten, sind zur Entscheidung wieder die Charaktere heranzuziehen, worauf wir hier nicht eingehen wollen. Jedoch können diese Fälle auch durch Transformation auf die in 33 behandelten zurückgeführt werden, wofür wir

einige Beispiele anführen:

$d = -896, \quad I_1 = -8, \quad I_2 = -32 \cdot 7$

$$\begin{pmatrix} 2 & 11 & 11 \\ 6 & 0 & 0 \end{pmatrix} \sim \begin{pmatrix} 2 & 11 & 16 \\ -16 & 0 & 0 \end{pmatrix} \sim \begin{pmatrix} 2 & 11 & 1 \\ -4 & 0 & 0 \end{pmatrix}$$

$$\sim \begin{pmatrix} 2 & 7 & 1 \\ 0 & 0 & 0 \end{pmatrix}, \quad 1 + 7 \equiv 0, (8),$$

2 ist kein Stammfaktor,

$$\begin{pmatrix} 5 & 7 & 7 \\ -2 & 2 & 2 \end{pmatrix} \sim \begin{pmatrix} 5 & 7 & 16 \\ -16 & 0 & 2 \end{pmatrix} \sim \begin{pmatrix} 5 & 7 & 1 \\ -4 & 0 & 2 \end{pmatrix} \sim \begin{pmatrix} 5 & 3 & 1 \\ 0 & 0 & 2 \end{pmatrix}$$

$$\sim \begin{pmatrix} 10 & 3 & 1 \\ 0 & 0 & 8 \end{pmatrix} \sim \begin{pmatrix} 10 & 59 & 1 \\ 0 & 0 & 48 \end{pmatrix}, \; 1 + 59 \equiv 4, \; (8),$$

2 ist Stammfaktor.

39. Weil die Entscheidung darüber, ob p Stammfaktor ist oder nicht, für ungerades p leichter ist als für $p = 2$, ist es vorteilhaft, daß man die letzte Bestimmung auch ganz einfach auf indirektem Wege treffen kann, wenn die sämtlichen ungeraden Stammfaktoren bekannt sind. Sucht man unter den verwandten Formen diejenigen ganzzahligen aus, welche positive Signatur und eine absolut genommen möglichst kleine Diskriminante haben, d. h. die sogenannten *Stammformen*, so kann, wie man leicht erkennt, ihre Diskriminante nur einfache Primfaktoren enthalten. Denn wenn die Primzahl p in der Diskriminante d einer Form f in höherer Potenz enthalten ist, so gibt es, einerlei ob p gerade oder ungerade ist, nach den vorstehenden Ausführungen eine verwandte Form, deren Diskriminante p entweder gar nicht oder nur einfach enthält, während die übrigen etwa noch in d aufgehenden Primfaktoren ungeändert geblieben sind. Es ist bequem auch -1 zu den Teilern oder Nichtteilern zu rechnen, je nachdem die Formen indefinit oder definit sind. Dann wird die Diskrimi-

nante der Stammformen, d. h. die *Stammdiskriminante genau das Produkt der sämtlichen Nichtteiler.*

40. Ist nun $f=\begin{pmatrix} a_1 & a_2 & a_3 \\ a_4 & a_5 & a_6 \end{pmatrix}$ eine Stammform mit der Diskriminante d, so darf man die Form in ihrer Klasse so gewählt denken, daß der erste Koeffizient a_1 der Form und der erste Koeffizient $a_4^2 - 4\,a_2 a_3$ der Adjungierten zu d prim sind. Man hat dann

$$d = a_1 (a_4^2 - 4\,a_2 a_3) + a_2 a_5^2 - a_4 a_5 a_6 + a_3 a_6^2 = a_1 \varDelta + m.$$

Hier ist m eine durch die Form $(a_2, -a_4, a_3)$ mit der Diskriminante $\varDelta$ dargestellte zu $\varDelta$ und d prime Zahl, welche zudem im definiten Fall positiv ist.

Indem wir das Reziprozitätsgesetz in der hier kürzlich entwickelten Form [1]) anwenden, ergibt sich

$$\left(\frac{\varDelta}{d}\right) = \left(\frac{d}{\varDelta}\right) = \left(\frac{m}{\varDelta}\right) = \left(\frac{\varDelta}{m}\right) = 1\,.$$

Da nun für jeden Stammfaktor p, auch -1, falls vorhanden

$$\left(\frac{\varDelta}{p}\right) = -1$$

gilt, so folgt aus

$$\left(\frac{\varDelta}{d}\right) = \Pi\left(\frac{\varDelta}{p}\right) = 1,$$

daß die Anzahl der Stammfaktoren gerade ist.

Hat man also die ungeraden Stammfaktoren bestimmt, so ist, je nachdem die Anzahl ungerade oder gerade ist, 2 Stammfaktor oder kein Stammfaktor.

41. Das möge an den früheren Beispielen erläutert werden. Die Beispiele in 38 haben beide -1 als Stammfaktor.

---

[1]) H. BRANDT, Über das quadratische Reziprozitätsgesetz. Ber. Sächs. Akad. Wiss. Leipzig, math. naturw. Klasse 99 (1951), 3—17.

Außerdem ist im ersten Fall 7 Stammfaktor, im zweiten nicht. Also schließt man, daß 2 für die Form $\begin{pmatrix} 2 & 11 & 11 \\ 6 & 0 & 0 \end{pmatrix}$ kein Stammfaktor, dagegen für die Form $\begin{pmatrix} 5 & 7 & 7 \\ -2 & 2 & 2 \end{pmatrix}$ Stammfaktor ist.

Die 4 Beispiele in 36 haben alle -1 als Stammfaktor, außerdem ist 31 in den beiden ersten Fällen Stammfaktor, in den beiden letzten dagegen nicht. Daraus ergeben sich die früheren Schlüsse für das Verhalten von 2.

MIX
Papier | Fördert gute Waldnutzung
FSC® C083411

Zeitfracht Medien GmbH
Ferdinand-Jühlke-Straße 7
99095 Erfurt, Deutschland
produktsicherheit@kolibri360.de